城市影像档案

围垦地

周麒 著

RECLAMATION LAND

ZHOU QI

浙江摄影出版社

序

周麒

差不多对萧山围垦进行了三年多的拍摄后，这个项目的拍摄初衷已经变得模糊。20 世纪 90 年代在垦区游玩时那些泥泞的道路和一辆接一辆的工程车给了我太深的印象，使我有了追溯历史的想法，或是身处的时代让我有了记录本土的冲动，又或者是通读摄影史后在拍摄方式上打开了一扇窗，让我找到了一个新的主题。好像很难说清楚，其实也不重要，重要的是看着电脑里整理出来的照片时心里有了一种平和和温暖。

黛安 · 阿勃丝说：“用相机表达出人类心灵最底层的东西，开启原本在每人内心深处的本性。揭示熟悉事物的不可思议面，不可思议事物的熟悉面。”走在新建的钱塘江标准塘上，脑中不断闪回一张张万人围垦的照片、一张张洋溢着笑容或充满坚毅神情的年轻脸庞。目光所及，是垦区成为新区后四处崛起的高楼和一片片待价而沽的农地。原本想探究的东西其实一目了然，源远流长的对土地的朴素向往贯穿了整个萧山围垦的历史，而在这纷繁复杂的历史中，诸如迁徙的移民、土地的归属、区划的调整不过是不同时代政治、经济、文化的体现。至于围垦带来的江道的改变、流域水土的变化以及土地与水两种资源取舍的终极问题，又有谁能说得清楚呢？

但我无意深入地探讨这些。如加里 · 维诺格兰德所言，我只想看看垦区的人和景观在照片上会呈现出什么。这是我个人的观看或者说是我个人镜头中的围垦地。我拍摄那些劳作的农民、游玩的小孩、废弃的厂房、拆除中的民居、建设中的工地，源于我对生于斯、长于斯的这片土地的热爱。

2018 年清明节，我来到瓜沥大和山，在 1968 年围垦建设中牺牲的“把宕师傅”冯永川墓地，我点燃一根烟放在他的墓前，四周一片寂静。

发扬峰会精神 加快起苗交地 喜迎亚运盛会

忘了他
JAC江淮汽车
JAC

中国(杭州)跨境电子商务

您已进入
治安监控区域
道路封闭
绕道行驶
钱江世纪城管委会
6

4m
20
和

军医
监督电话

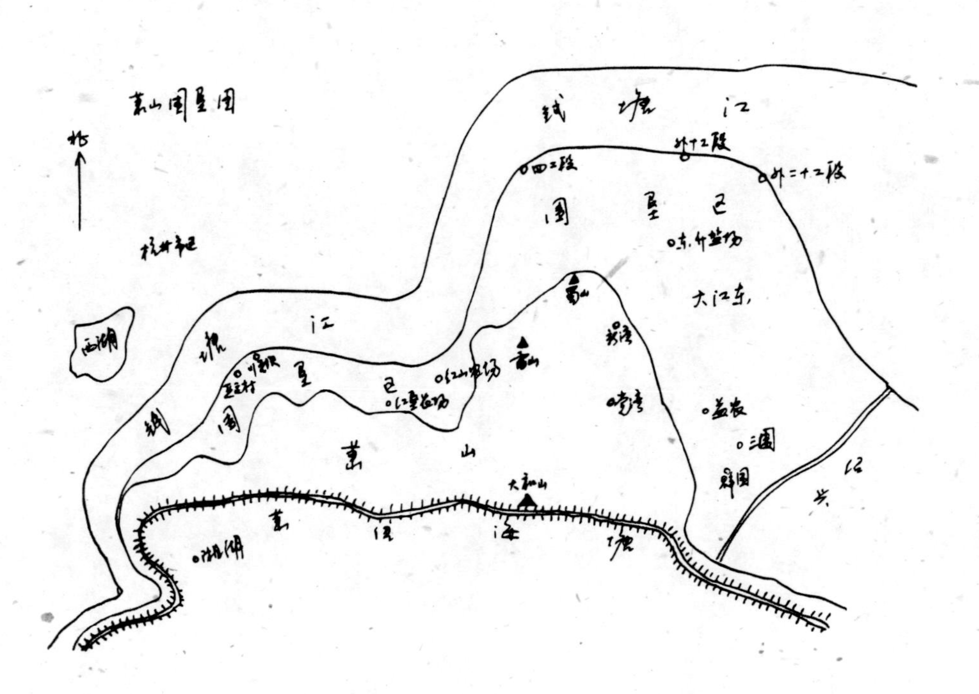
萧山围垦图
北
杭州市区
西湖
钱塘江
钱塘江
四工段
外十工段
外二十工段
围垦已
大江东
萧山
大和山
萧山海塘
绍兴

3M inside

观

金仕堡
KINGSPORT
尚城汇超市
棒!约翰
开乐迪
时尚KTV
苏宁易购
suning.com
川味觀
乐博源
儿童乐园
DE&E
德意电器
童年小筑餐厅
粤楼
4号楼216
健康路径 舞蹈 跆拳道
游泳洗澡
青柠蜜Sweet limo
RUSSIA 2018
啤酒屋
美食屋

nabaiji

1317502801
Pirates
girls

SNP/in there

BOSI TOOLS

图片索引

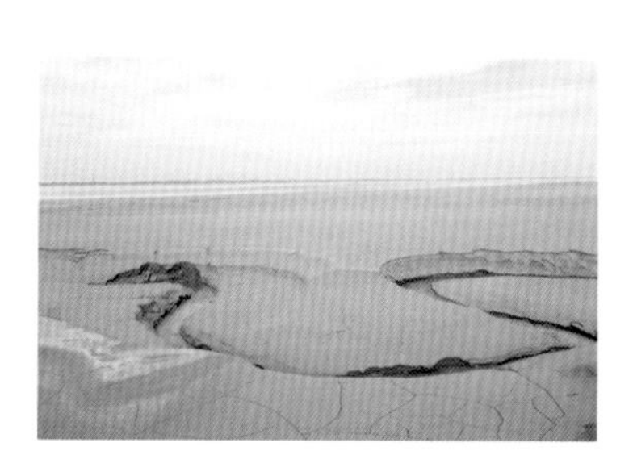

流化沟，外十工段，2017 年 11 月。

从萧山外十工段望向钱塘江，江面已非常狭窄。而近处淤积的沙土仍呈现出当年围垦时的场景，可见典型的因潮水涨落自然形成的“流化沟”。

顺坝农场，2017 年 10 月。

顺坝是水利工程的坝种之一，相对于丁坝而言。丁坝即挑水坝，与江流呈垂直方向抛筑，顺坝则与江流呈平行方向，起导流、保滩、促淤作用。现成为垦区地名。

堤坝外滩涂，南阳，2019 年 3 月。

待拆除的民居，义蓬，2019 年 1 月。

九号坝，2018 年 10 月。

废弃的拖拉机，四工段，2018 年 4 月。

亚运村工地，钱江世纪城，2018 年 7 月。

浙江金首水泥有限公司拆迁工地，红山农场，2017 年 11 月。

浙江金首水泥有限公司遗址，红山农场，2017 年 11 月。

航坞山石宕遗址，2017 年 11 月。

蜀山石宕，河庄，2017 年 10 月。

蜀山，断面有当年石宕开采后留下的痕迹。蜀山位于钱塘区河庄街道，曾是钱塘江主流道经过之地。围垦期间，为抛石护堤，筑丁坝而设山宕采石，最多时萧山各地石宕达 120 多处。

观澜路亚运村工地，钱江世纪城，2018 年 7 月。

党湾，2018 年 10 月。

亚运村，钱江世纪城，2021 年 12 月。

丰北，盈丰，2017 年 10 月。

丰北站地铁口，钱江世纪城，2022 年 1 月。

工厂外墙，六工段，2018 年 3 月。

围垦壁画，新湾，2018 年 11 月。

九号坝，2018 年 10 月。

简易茅厕，兴围，2018 年 3 月。

江堤盘头，红山，2017 年 10 月。

盘头系突出于大堤外，用浆砌块石筑成的半圆形或人字形突体。盘头里大多成为建筑配套石料厂厂址。

蔬菜大棚，益农三围，2018 年 10 月。

桥洞里的简易房，临江，2018 年 7 月。

江堤，四工段，2017 年 10 月。

雷山，2017 年 10 月。

雷山遗址。围垦筑坝的石料大多来自萧山大和山、雷山、航坞山等石宕。明嘉靖年间，雷山是钱塘江北岸要塞，屡有战事。嘉靖三十三年（1554 年）五月十一日，杭州前卫指挥陈善道率兵民三百及赭山僧众大战倭寇于雷山地区。20 世纪 60 年代围垦时，雷山因其石质优良而成为主要石宕之一，及至地表山体被全部采尽，仍开采其地下石料，后引钱塘江水成为一深潭，遂成休闲垂钓之地。

节制闸，八工段，2017 年 11 月。

围垦各工段以闸为界，一般为 2 孔，孔径 4 米，起到沟通各垦区、调节水源的作用。经统计，各垦区共建有节制闸 89 座。

东升盐场，临江，2017 年 10 月。

历史上钱塘江两岸一直为产盐区，江水中的盐分由杭州湾的潮水带来，盐的制作工艺和盐的品质，与海盐有很大不同。清咸丰年间，制盐工艺日渐成型为刮泥、淋卤、板晒，故称“板盐”。20 世纪 50 年代，萧山盐场主要有头蓬盐场和新湾东升盐场。60 年代中期，大规模围垦造田失去了晒盐环境，头蓬盐场的盐民迁移到红山农场，在那里也以晒盐为生，再后来土壤里盐分尽失，他们才从盐民转为农民。

亚运村拆迁工地，钱江世纪城，2017 年 12 月。

冬季蔬菜大棚，九工段，2018 年 1 月。

盈丰，2019 年 5 月。

沿江“飞地”上的停车场，宁围，2017 年 12 月。

盈二，2019 年 2 月。

新盈线，盈丰，2019 年 2 月。

无题，十工段，2017 年 11 月。

亚运村钱鸿集团拆迁工地，钱江世纪城，2018 年 12 月。

后院里的塑像，益农长北，2018 年 12 月。

化工厂，外十五工段，2018 年 7 月。

益农三围，2018 年 10 月。

益农三围，2018 年 10 月。

亚运村工地，钱江世纪城，2018 年 7 月。

五工段，2019年3月。

观潮城，南阳，2018年7月。

空港新天地，靖江，2018年7月。

横渡钱塘江的学生，钱江世纪城，2018年8月。

小雨和她的妹妹，顺坝，2018年6月。

红山，2018年4月。

四工段闸，2018年10月。

垦区河道，六工段，2017年10月。

垦区主要河流有86条，全系人工挖掘而成，总长428.05公里。

盈二，2018 年 12 月。

堤外滩涂，南阳，2019 年 3 月。

捕鱼的男人，盈丰，2018 年 9 月。

采桑苗的民工，七工段，2018 年 3 月。

香客，红山，2018 年 4 月。

江面滩涂，南阳，2019 年 3 月。

大厦、汽车和鸡，宁围，2018 年 11 月。

筱语和筱萱，亚运村沿江湿地，2019 年 5 月。

临江出海码头，外十七工段，2018 年 7 月。

亚运村建设工地，钱江世纪城，2019 年 3 月。

周麒，浙江萧山人。中国摄影家协会会员，浙江省摄影家协会会员。2020 年入选《大众摄影》“年度影像十杰”。

《度假区》，2021 年，“第四届浙江纪实摄影大展”，浙江展览馆，中国杭州。
《度假区》，2021 年，丽水摄影节“优秀展览”，中国丽水。
《度假区》，2021 年，“萧山摄影奖双年展”，高帆摄影艺术馆，中国杭州。
《度假区》，2021 年，“浙江省大画幅摄影作品展”，中国杭州。
《围垦地》，2019 年，“艺江南”第一届长三角摄影艺术周，中国湖州。
《围垦地》，2019 年，“行走·观察：第二届影像西湖艺术现场”，中国美术学院美术馆，中国杭州。

图书企划　郑幼幼工作室
责任编辑　郑幼幼
责任校对　高余朵
责任印制　汪立峰　陈震宇
装帧设计　YH Studio / 郑幼幼
图片编辑　丘

图书在版编目(CIP)数据

围垦地 / 周麒著. -- 杭州: 浙江摄影出版社, 2023.1
(城市影像档案)
ISBN 978-7-5514-3713-4

Ⅰ. ①围… Ⅱ. ①周… Ⅲ. ①滩涂围垦—农业史—史料—萧山区—摄影集 Ⅳ. ①S277.4-092

中国版本图书馆CIP数据核字(2022)第188902号

城市影像档案
WEIKENDI
围垦地
周麒　著

全国百佳图书出版单位
浙江摄影出版社出版发行
地址　杭州市体育场路347号
邮编　310006
电话　0571-85151082
网址　www.photo.zjcb.com
经销　全国新华书店
制版　融象设计工作室
印刷　杭州捷派印务有限公司
开本　889mm×1194mm　1/16
印张　6.5
插页　0.25
2023年1月第1版　　2023年1月第1次印刷
ISBN　978-7-5514-3713-4
定价　268.00元